W0404334

natürlich oekom!

Mit diesem Buch halten Sie ein echtes Stück Nachhaltigkeit in den Händen. Durch Ihren Kauf unterstützen Sie eine Produktion mit hohen ökologischen Ansprüchen:

- 100 % Recyclingpapier
- mineralölfreie Druckfarben
- Verzicht auf Plastikfolie
- Kompensation aller CO_2-Emissionen
- kurze Transportwege – in Deutschland gedruckt

Weitere Informationen unter www.natürlich-oekom.de und #natürlichoekom

Gefördert durch:

Aktion Mensch

Heidehof Stiftung

wajekama Stiftung für Inklusion

Bibliografische Information der Deutschen Nationalbibliothek:
Die Deutsche Nationalbibliothek verzeichnet diese Publikation in der Deutschen Nationalbibliografie; detaillierte bibliografische Daten sind im Internet über www.dnb.de abrufbar.

oekom – Gesellschaft für ökologische Kommunikation mbH
Waltherstraße 29, 80337 München

Redaktion: Jessika Knauer, Ulrike Bruckmann
Texte: tuml-Gruppe und Expert*innen
Konzeption: Daniel Dermitzel, Jessika Knauer, Jonas Flötotto, Ulrike Bruckmann
Layout und Illustrationen: Lotte Letschert
Fotos: tuml-Gruppe
Prüfung auf Leichte Sprache: Andreas Wulfekammer, Melanie Meyer, Osman Sakinmaz, Shpresa Matoshi (Büro für Leichte Sprache und Barrierefreiheit)
Projektträger: Förderverein zusammen wachsen – Unterstützung für die himmelbeet gemeinnützige GmbH e. V.

Druck: AZ Druck und Datentechnik GmbH, Kempten

ISBN: 978-3-96238-251-3

FSC www.fsc.org RECYCLED Papier aus Recyclingmaterial FSC® C008457

Klimaneutral Unternehmen ClimatePartner.com/53585-1805-1001

Ulrike Bruckmann, Jessika Knauer

Klima-Schutz für jeden Tag

Ein Ideen-Buch in Leichter Sprache

oekom verlag

Urania
Berlin

WIR WOLLEN
KLIMA-SCHUTZ
FÜR
ALLE!

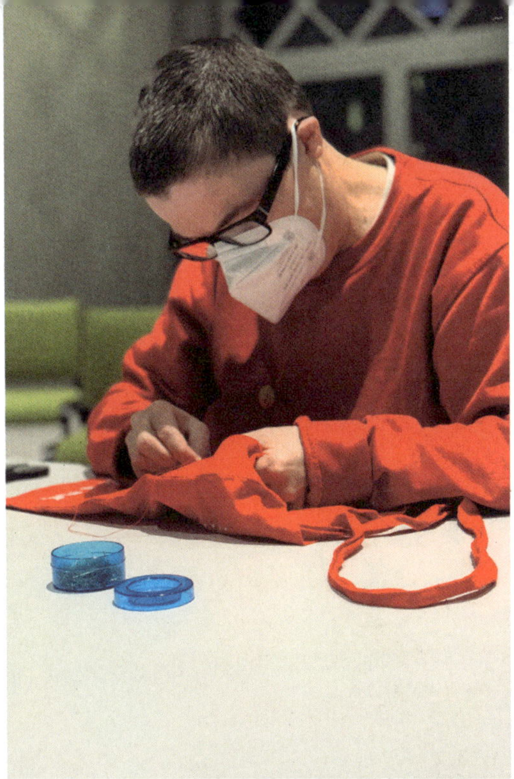

Inhalt

Lieber Leser, liebe Leserin,

Die Erde ist unsere Heimat.
Hier haben wir sauberes Wasser und Luft zum Atmen.
Doch das Leben auf unserer Erde ist in Gefahr.
Der Grund dafür ist der Klima-Wandel.
Klima-Wandel bedeutet:
Das Klima auf der Erde verändert sich.
Der Klima-Wandel macht die Erde wärmer.

Der Klima-Wandel hat zum Beispiel diese Folgen:

- Die Seen und die Flüsse trocknen aus.
- Das Eis am Nordpol und am Südpol schmilzt.
  Dadurch steigt das Wasser im Meer an.
  Das Wasser überflutet die Städte an den Küsten.
- Es gibt immer mehr Natur-Katastrophen.
  Eine Natur-Katastrophe ist zum Beispiel ein sehr starker Sturm.

Das Leben auf der Erde wird dadurch immer schwerer.

Schuld am Klima-Wandel sind wir Menschen.
Wir können den Klima-Wandel noch stoppen.
Dafür muss sich aber schnell sehr viel verändern.
Nur so können wir das Klima und die Erde schützen.

Beim Klima-Schutz müssen alle Menschen mitmachen.
Jeder Mensch kann etwas dafür tun.
Die Politik muss strenge Regeln für den Klima-Schutz machen.
Betriebe müssen diese Regeln befolgen.
Wir können kleine Dinge in unserem Alltag verändern.

Für unser Buch haben wir viele kleine Ideen gesammelt.
Mit diesen Ideen können wir:

- uns selber besser kennen-lernen.
- gut zu anderen Menschen sein.
- uns klima-freundlich ernähren.
- unser Kauf-Verhalten verändern.
- unsere Umwelt sauber halten.
- uns mit anderen Menschen zusammen-tun.

Das Buch ist für mehr Klima-Schutz in unserem Alltag.
Es ist eine Einladung zum Mitmachen für alle Menschen.
Wir können für uns allein oder in einer Gruppe etwas machen.
Wir können jeden Tag ein bisschen machen.

Wir wünschen viel Spaß beim Lesen und Ausprobieren.

Warum gibt es den Klima-Wandel?

Der Grund für den Klima-Wandel sind zu viele Treibhaus-Gase in der Luft.
Treibhaus-Gase sind ein natürlicher Teil von der Luft.
Wir können sie nicht sehen.
Treibhaus-Gase speichern die Wärme von der Sonne.
Dadurch wird es auf der Erde wärmer.
Ohne Treibhaus-Gase wäre es auf der Erde sehr kalt.
Zu viele Treibhaus-Gase in der Luft sind schlecht.
Dadurch wärmt sich die Erde viel zu stark auf.

Der Mensch bringt sehr viele Treibhaus-Gase in die Luft.
Sie entstehen zum Beispiel beim Herstellen von Strom.
Flugzeuge und Autos geben Treibhaus-Gase in die Luft ab.
Die Tier-Haltung sorgt auch für viele Treibhaus-Gase.

Pflanzen fangen die Treibhaus-Gase aus der Luft ein.
Sie speichern die Treibhaus-Gase in ihren Blättern.
Sie verhindern also die Erd-Erwärmung.
Aber wir Menschen machen die Pflanzen kaputt.
Wir bauen zum Beispiel Städte und Straßen.
Dafür fällen wir Menschen viele Bäume.
All das verändert unsere Erde und das Klima.

Fabriken
Zerstörung von Wäldern
Strom
Städte
Autos
Wald-Brände
Land-Wirtschaft und Vieh-Haltung
Schiffe
Flugzeuge

Gut für sich selbst sorgen

Gut für sich selbst sorgen

Mit diesem Buch wollen wir für unsere Erde sorgen.
Als erstes sorgen wir für uns selbst.
In unserem Alltag sind wir sehr beschäftigt.
Von morgens bis abends rennen wir umher.
Wir wollen viel erleben.
Wir kaufen neue Sachen.
Wir wollen uns gut damit fühlen.
Aber oft geht es uns gar <u>nicht</u> gut.

Unserer Erde geht es auch <u>nicht</u> gut.
Die Menschen haben sie viel zu stark verändert.
Überall sind Straßen und Häuser.
Autos und Flugzeuge verschmutzen die Luft.
In der Natur liegen Berge von Müll.
Im Meer schwimmt sehr viel Plastik.

Viele Menschen sorgen sich um unsere Erde.
Sie sagen:
Wir müssen die Erde retten.
Sie kämpfen für den Umwelt-Schutz.
Manchmal werden sie davon müde und mutlos.

Im 1. Kapitel geht es deshalb um Selbst-Fürsorge.
Wir sorgen für uns selbst.
Wir tun uns etwas Gutes.
Wir schenken uns selbst Liebe und Aufmerksamkeit.
Es gibt viele verschiedene Möglichkeiten dafür:

- Wir können auf unseren Körper achten.
- Wir können uns regelmäßig strecken und bewegen.
- Wir können Zeit in der Natur verbringen.

Dafür brauchen wir nur uns selbst und die Natur.

Bei der Selbst-Fürsorge machen wir eine Pause.
In der Pause denken wir nicht an gestern und an morgen.
Wir achten auf das Hier und Jetzt.
Wir spüren unsere Atmung.
Wir spüren unsere Gefühle in dem Moment.

Durch solche Pausen werden wir ruhiger und entspannter.
Wir haben dadurch mehr Freude am Leben.
Wir haben neue Kraft und neue Ideen.
So können wir mehr für die Umwelt tun.
Selbst-Fürsorge ist ein wichtiger Teil vom Umwelt-Schutz.

Wir spüren unseren Körper

Mit unserem Körper nehmen wir die Welt wahr.
Wir sehen oder fühlen Dinge um uns herum.
Wir nehmen mit unserem Körper auch uns selbst wahr.
Wir spüren zum Beispiel eine Gänse-Haut bei Kälte.
Oder wir spüren einen knurrenden Magen bei Hunger.

Die Welt löst Gefühle in uns aus.
Manche Gefühle spüren wir sofort ganz stark in unserem Körper.
Wir können sie auch leicht bei anderen Menschen erkennen:

- Freude
- Überraschung
- Trauer
- Angst
- Wut
- Ekel

Gefühle zeigen uns,

- was gut für uns ist.
- was schlecht für uns ist.
- wovor wir uns schützen sollten.

So können wir gut auf uns aufpassen.

Übung: Die Körper-Reise

Die Körper-Reise ist eine Achtsamkeits-Übung.
Bei der Übung spüren wir unseren Körper.
Ein anderer bekannter Name für die Übung ist Body Scan.
Body Scan bedeutet den Körper durchleuchten.
In Gedanken gehen wir dabei an jede Stelle von unserem Körper.
Wir gehen von den Füßen bis zum Kopf.

Am Anfang gehen die Gedanken oft weg vom Körper.
Dann kommen wir mit den Gedanken wieder zum Körper zurück.
Bei der Körper-Reise lernen wir unsere Gefühle kennen.
Das kann anstrengend sein.
Wir akzeptieren diese Gefühle.
Akzeptieren bedeutet:
Wir nehmen etwas so an,
wie es ist.

Die Übung können wir jeden Tag machen.
Sie passt sehr gut abends vor dem Schlafen.
Für die Übung suchen wir uns eine ruhige Umgebung.
Wir machen die Übung im Sitzen oder im Liegen.
Beim Sitzen halten wir den Rücken gerade.

Schritt 1

Wir setzen uns bequem hin.
Wir schließen die Augen.
Wir können sie auch offen lassen.
Dann schauen wir entspannt auf einen festen Punkt vor uns.
Wir nehmen 3 tiefe Atemzüge.
Wir spüren:
So fühlt sich der Atem an.

Schritt 2

Wir spüren unsere Füße.
Wir atmen ganz entspannt 5 Mal ein und aus.
Sind sie kalt oder warm?
Kribbeln oder jucken sie?
Wir entspannen unsere Füße.
Wir lassen sie locker.
Wir atmen 1 Mal tief ein und aus.

Schritt 3

Wir spüren unsere Waden.
Wir atmen ganz entspannt 5 Mal ein und aus.
Wie fühlen sie sich an?
Sind sie kalt oder warm?
Sind sie hart oder weich?
Wir entspannen unsere Waden.
Wir lassen sie locker.
Wir atmen 1 Mal tief ein und aus.

Schritt 4

Wir spüren unsere Oberschenkel.
Wir atmen ganz entspannt 5 Mal ein und aus.
Wie fühlen sie sich an?
Sind sie kalt oder warm?
Sind sie hart oder weich?
Wir entspannen unsere Oberschenkel.
Wir lassen sie locker.
Wir atmen 1 Mal tief ein und aus.

Schritt 5

Wir spüren unseren Bauch.

Wir atmen ganz entspannt 5 Mal ein und aus.

Wie fühlt er sich an?

Wir legen die Hände auf den Bauch.

Wir spüren:

So bewegt sich der Bauch beim Atmen.

Wir entspannen den Bauch.

Wir atmen 1 Mal tief ein und aus.

Schritt 6

Wir spüren unseren Brustkorb.

Wir atmen ganz entspannt 5 Mal ein und aus.

Wir spüren:

So bewegt sich der Brustkorb beim Atmen.

Fließt der Atem schnell?

Oder fließt er langsam?

Wir atmen 1 Mal tief ein und aus.

Schritt 7

Wir spüren unseren Rücken.
Wir atmen ganz entspannt 5 Mal ein und aus.
Wie fühlt sich der Rücken an?
Vielleicht spüren wir die Lehne von unserem Stuhl.
Wir spüren,
wie der Rücken uns hält und stützt.
Wir atmen 1 Mal tief ein und aus.

Schritt 8

Wir spüren unsere Arme und unsere Hände.
Wir atmen ganz entspannt 5 Mal ein und aus.
Wie fühlen sich die Arme und Hände an?
Sind sie schwer?
Oder wollen sie sich bewegen?
Sind sie warm oder eher kalt?
Wir lassen unsere Arme und Hände ganz locker.
Wir atmen 1 Mal tief ein und aus.

Schritt 9

Wir spüren die Schultern und unseren Hals.
Wir atmen ganz entspannt 5 Mal ein und aus.
Sind die Schultern und der Hals schwer?
Fühlen sie sich hart oder weich an?
Wir lassen Schultern und Hals ganz locker.
Wir atmen 1 Mal tief ein und aus.

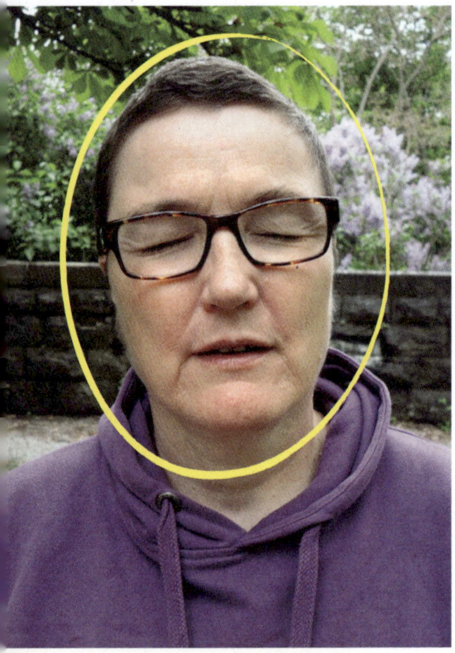

Schritt 10

Wir spüren unseren Kopf und unser Gesicht.
Wir atmen ganz entspannt 5 Mal ein und aus.
Wie fühlen sich die Lippen an?
Wie fühlen sich die Augen an?
Wie fühlen sich die Nasenflügel an?
Wir lassen das Gesicht ganz locker.
Wir atmen 1 Mal tief ein und aus.

Schritt 11

Wir spüren unseren ganzen Körper.
Wir atmen ganz entspannt 5 Mal ein und aus.
Wir beginnen mit dem Kopf.
Dann spüren wir unseren Brustkorb.
Dann spüren wir den Bauch und die Beine.
Wir enden mit den Füßen.

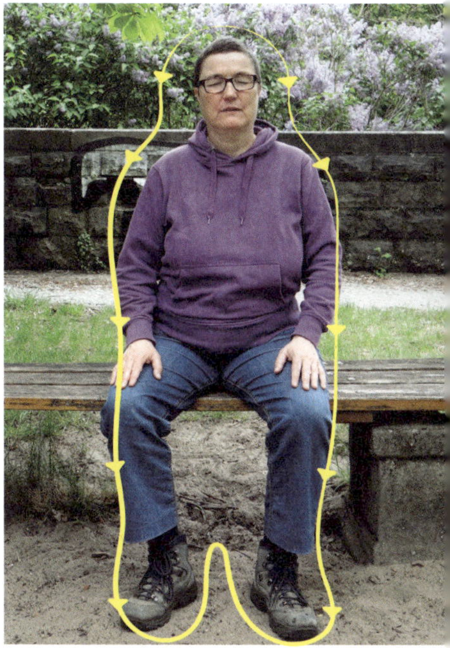

Schritt 12

Wir machen unsere Augen wieder auf.
Wir bewegen erst die Füße.
Dann bewegen wir die Arme.
Wir strecken uns langsam und vorsichtig.

Wir machen Yoga

Yoga ist ein Wort für viele verschiedene Übungen.
Die Übungen im Yoga heißen Asanas.
Yoga gibt es schon seit mehreren Tausend Jahren.
Es kommt ursprünglich aus Indien.
Heute machen es Menschen überall auf der Welt.

Jeder Mensch kann Yoga machen.
Yoga kann uns helfen.
Durch Yoga spüren wir unseren Körper und unsere Gefühle.

Yoga ist gut für unsere Gesundheit:

- Es macht unsere Muskeln kräftiger.
- Es hält unseren Körper beweglich.
- Es hilft uns zu entspannen.
- Es gibt uns Energie.

Beim Yoga achten wir immer auf unsere Atmung.
Sie ist ruhig und gleichmäßig.
Jede Bewegung ist mit der Atmung verbunden.
Bei einer Bewegung atmen wir ein.
Bei der nächsten Bewegung atmen wir aus.

SPEERMINZE

Übung: Der Sonnen-Gruß im Sitzen

Der Sonnen-Gruß ist eine Abfolge von Yoga-Übungen.
Die Übungen kommen also direkt nacheinander.
Wir können den Sonnen-Gruß jeden Tag machen.
Wir können ihn zum Beispiel morgens nach dem Aufstehen machen.
Meistens macht man den Sonnen-Gruß im Stehen.
Es geht aber auch im Sitzen auf einem Stuhl.

Die Bewegungen beim Sonnen-Gruß sind fließend.
Wir machen sie nacheinander ohne Pause.
Die Bewegungen sind wie unsere Atmung.
Sie sind ruhig und gleichmäßig.

Alle Bewegungen sollen angenehm sein.
Sie dürfen uns nicht weh tun.
Bei Schmerzen machen wir die Bewegung nicht weiter.
Dann können wir die Bewegung kleiner machen.
Oder wir lassen sie ganz weg.

Für den Sonnen-Gruß im Sitzen brauchen wir:

- einen stabilen Stuhl ohne Arm-Lehne
- bequeme Kleidung

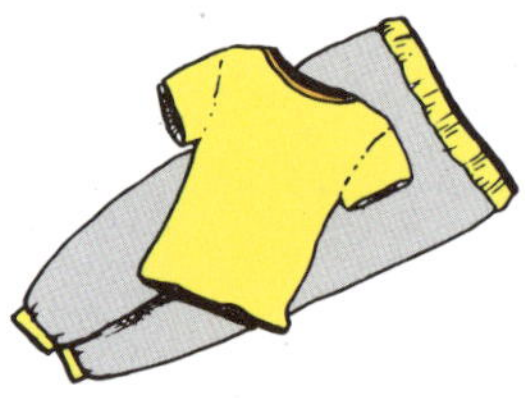

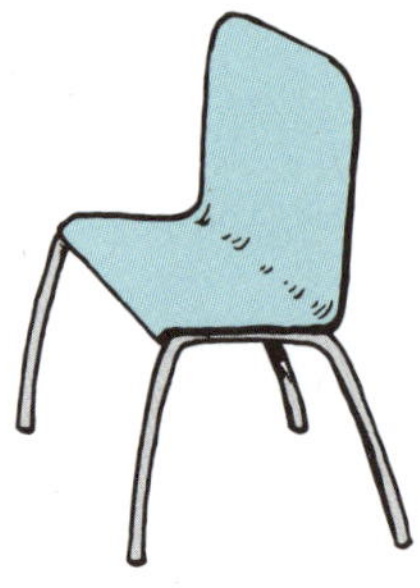

Schritt 1

Wir setzen uns mit geradem Rücken auf einen Stuhl.
Wir atmen durch die Nase ein.
Dabei bewegen wir beide Arme gestreckt nach oben.
Wir machen einen großen Bogen mit den Händen.
Unsere Hände berühren sich über unserem Kopf.

Schritt 2

Wir atmen langsam aus.
Dabei lassen wir unsere Arme nach unten sinken.
Die Hand-Flächen bleiben zusammen.
Wir bringen die Hände vor unserer Brust zusammen.

Schritt 3

Wir atmen durch die Nase ein.

Dabei strecken wir beide Arme in Richtung Himmel.

Die Arme sind parallel zueinander.

Die Hände berühren sich nicht.

Wir machen dabei unseren Rücken ganz lang.

Schritt 4

Wir atmen langsam aus.

Dabei bewegen wir die Arme nach unten.

Wir legen beide Ellenbogen auf unsere Oberschenkel.

So können wir uns mit den Armen gut abstützen.

Schritt 5

Wir atmen durch die Nase ein.
Dabei heben wir den rechten Arm.
Wir strecken den Arm zum Himmel.
Der linke Arm bleibt auf dem Oberschenkel.
Wir atmen langsam aus.
Dabei legen wir den rechten Arm wieder auf dem Bein ab.

Schritt 6

Wir machen dieselbe Bewegung mit der linken Seite.
Wir atmen durch die Nase ein.
Dabei heben wir den linken Arm.
Wir strecken den Arm zum Himmel.
Der rechte Arm bleibt auf dem Oberschenkel.
Wir atmen langsam aus.
Dabei legen wir den linken Arm wieder auf dem Bein ab.

Schritt 7

Wir atmen durch die Nase ein.
Dabei bewegen wir beide Arme ausgestreckt nach oben.
Dabei machen wir einen großen Bogen.

Schritt 8

Wir atmen langsam aus.
Dabei lassen wir die Arme nach unten sinken.
Wir halten die Hände hinter dem Rücken zusammen.

Schritt 9

Wir atmen durch die Nase ein.
Dabei strecken wir die Arme hinter unserem Rücken.
Unser Brustkorb wird dabei ganz groß.
Wir atmen aus.
Wir lassen die Arme wieder locker.

Schritt 10

Wir atmen durch die Nase ein.
Dabei bewegen wir den rechten Arm gestreckt nach oben.
Wir atmen langsam aus.
Dabei strecken wir den Oberkörper zur linken Seite.
Unsere rechte Seite wird dabei ganz lang.

Schritt 11

Wir atmen durch die Nase ein.

Dabei machen wir den Oberkörper wieder gerade.

Wir atmen langsam aus.

Dabei lassen wir unseren Arm sinken.

Schritt 12

Wir atmen durch die Nase ein.

Dabei bewegen wir den linken Arm gestreckt nach oben.

Wir atmen langsam aus.

Dabei strecken wir den Oberkörper zur rechten Seite.

Wir atmen durch die Nase ein.

Dabei machen wir den Oberkörper wieder gerade.

Wir atmen langsam aus.

Dabei lassen wir unseren Arm sinken.

Schritt 13

Wir sitzen wieder gerade auf unserem Stuhl.
Wir atmen durch die Nase ein.
Dabei bewegen wir beide Arme gestreckt nach oben.
Wir machen einen großen Bogen mit den Händen.
Unsere Hände berühren sich über unserem Kopf.

Schritt 14

Wir atmen langsam aus.
Dabei bewegen wir die Hände nach unten.
Die Hand-Flächen bleiben zusammen.
Unsere Hände berühren sich vor unserer Brust.

Wir erleben die Natur

Menschen gehören zur Natur wie Tiere und Pflanzen.
Wir sind mit der Natur verbunden.
Manchmal geht diese Verbindung verloren.
Viele Menschen haben kaum Kontakt mit der Natur.
Sie leben weit weg von der Natur.

Wir können uns aber wieder mit der Natur verbinden.
Wir können zum Beispiel in den Wald fahren.
Im Wald können wir die Natur erleben und spüren.
Das nennt man auch Wald-Baden.
Wir nehmen den Wald mit allen Sinnen wahr.
Wir können den Wald:

- sehen
- hören
- fühlen
- riechen

Wir können das Wald-Baden in einem großen Wald machen.
Es geht aber auch in einem Park oder im Garten.
Beim Wald-Baden sind wir ganz still.
Wir spüren unsere Verbindung mit der Natur.

Übung: Den Wald erkunden

Im Wald liegen viele Sachen auf dem Boden.
Es liegen zum Beispiel Steine und Tannen-Zapfen dort.
Wir schauen vor uns auf den Wald-Boden.
Wir heben eine Sache vom Boden auf.
Wir gucken sie ganz genau an:

- Wie fühlt sie sich an?
- Was mögen wir daran?

Danach legen wir sie zurück an ihren Platz.

Übung: Einen Baum spüren

Wir suchen uns einen schönen Baum aus.
Wir schauen uns seine Rinde an.
Wir tasten die Rinde mit den Händen ab.
Wir riechen an der Rinde.
Wir schauen hoch in die Baum-Krone.
Für 5 Minuten bleiben wir bei dem Baum.
Wir sind in der Zeit ganz still.

Übung: Den Wald hören

Wir setzen uns auf eine schöne Sitz-Gelegenheit.
Das kann ein Baum-Stumpf oder eine Bank sein.
Wir schließen die Augen.
Wir achten auf die Geräusche um uns herum.
Erst achten wir auf die Geräusche in der Nähe.
Dann achten wir auf die Geräusche in der Ferne.
Wir bleiben für 5 Minuten ganz still.
Wie war es, dort so still zu sitzen?

Übung: Den Erd-Boden fühlen

Für die Übung ziehen wir unsere Schuhe aus.
Wir gehen barfuß durch den Wald oder den Park.
Wir können die Übung auch im Sitzen machen.
Dann stellen wir unsere Füße auf den Boden.
Wir spüren:

- Ist die Erde kalt?
- Ist sie weich?
- Wie ist das Gefühl für uns?

Freundlich zueinander sein

Freundlich zueinander sein

Im Klima-Schutz sind wir mit vielen Menschen aktiv.
Wir alle haben ein gemeinsames Ziel:
Wir wollen die Erde schützen.
Dafür müssen wir gut zusammen-arbeiten.
Und wir sollten freundlich miteinander umgehen.

Im Alltag fällt uns das oft schwer.
Manchmal sind wir unfreundlich zu anderen Menschen.
Wir sagen zum Beispiel unfreundliche Worte.
Wir lassen den anderen Menschen nicht ausreden.
Oder wir haben unterschiedliche Meinungen.
Unterschiedliche Meinungen sind in einer Gruppe ganz normal.
Trotzdem fangen wir oft einen Streit an.

Im Streit denken wir:
Ich habe recht.
Die anderen Menschen haben unrecht.

Oft sagen wir im Streit böse Worte.
Diese Worte können andere Menschen verletzen.
Besonders im Streit ist gutes Zuhören wichtig.

Gutes Zuhören hilft uns und anderen Menschen.
Wir verstehen andere Meinungen besser.
Wir vertragen uns leichter nach einem Streit.
Wir können uns schneller auf etwas einigen.
Wir können besser an gemeinsamen Zielen arbeiten.

Menschen freuen sich über Komplimente.
Kompliment bedeutet:
Wir sagen einem anderen Menschen freundliche Worte.
Freundliche Worte machen das Zusammen-Leben viel schöner.

In diesem Kapitel üben wir,
freundlich zueinander zu sein.
Wir üben,

- anderen Menschen gut zuzuhören.
- andere Menschen zu verstehen.
- anderen Menschen freundliche Dinge zu sagen.

Am Anfang kann uns das schwer-fallen.
Jede Veränderung dauert ein wenig.
Wir nehmen uns Zeit für die Übungen.

Wir hören aufmerksam zu

In unserem Leben kommunizieren wir mit vielen Menschen.
Kommunizieren bedeutet:
Wir tauschen mit anderen Menschen Infos aus.
Wir erzählen zum Beispiel Freunden von unserem Tag.
Wir machen einen Termin bei einer Ärztin.
Wir sprechen mit Kollegen über unsere Arbeit.

Beim Kommunizieren gibt es oft Miss-Verständnisse.
Denn oft hören wir uns nicht richtig zu.
Darum wollen wir aufmerksames Zuhören üben.
Aufmerksames Zuhören bedeutet:

- Wir nehmen uns Zeit zum Zuhören.
- Wir achten auf die Worte von der anderen Person.
- Wir achten auf das Verhalten von der anderen Person.
- Wir achten auf unsere Gefühle beim Zuhören.

Durch aufmerksames Zuhören lernen wir uns und andere besser kennen.
Und wir zeigen der anderen Person:
Du bist mir wichtig.
Deine Gedanken und Gefühle sind mir wichtig.
Ich möchte dich gern richtig verstehen.

Übung: Der Wetter-Bericht

Der Wetter-Bericht ist eine Übung für Gruppen.
Die Übung machen wir am Anfang von einem Treffen.
Alle in der Gruppe beschreiben ihre Gefühle wie das Wetter.

Wir können zum Beispiel sagen:
Bei mir ist es heute leicht bewölkt mit Sonnen-Schein.
Ich hatte einen sehr schönen Tag.
Aber heute Morgen habe ich mich über etwas geärgert.

Wir können auch sagen:
Bei mir scheint heute die Sonne.
Es geht mir wunderbar.

Mit dem Wetter-Bericht können wir lernen,

- unsere Gefühle besser zu beschreiben.
- unsere Gefühle anderen Menschen zu sagen.
- andere Menschen besser zu verstehen.

Übung: Der Rede-Stab

Manchmal müssen wir in der Gruppe etwas besprechen.
Wir müssen zum Beispiel eine gemeinsame Aktion planen.
Alle in der Gruppe haben eigene Ideen für die Aktion.
Da kann ein Rede-Stab hilfreich sein.

Als Rede-Stab können wir einen Koch-Löffel benutzen.
Wir geben den Rede-Stab an eine Person in der Gruppe.
Diese Person darf nun von ihrer Idee erzählen.

Die anderen in der Gruppe hören aufmerksam zu.
Aufmerksames Zuhören bedeutet:
Wir sprechen nicht dazwischen.
Wir lassen die Person aussprechen.
Dann gibt die Person den Rede-Stab weiter.
Jetzt kann eine andere Person sprechen.
Alle anderen hören wieder aufmerksam zu.
So hören wir die Ideen von allen Menschen.

Übung: Der Spiegel
Schritt 1

Für die Übung setzen wir uns zu zweit zusammen.
Wir suchen uns ein interessantes Thema.
Das können zum Beispiel unsere Erlebnisse vom Tag sein.

Unser Gesprächs-Partner beginnt mit der Übung.
Er darf 2 Minuten lang sprechen.
Wir hören unserem Gesprächs-Partner aufmerksam zu.
Unsere Fragen merken wir uns für später.

Schritt 2

Wir geben die Worte von unserem Gesprächs-Partner wieder.
Das bedeutet:
Wir wiederholen die Geschichte mit unseren eigenen Worten.
Unsere Meinung behalten wir beim Wiederholen für uns.

Wir sagen zum Beispiel:
Du warst im Super-Markt einkaufen.
Du hast dich über die frischen Äpfel gefreut.

Schritt 3

Unser Gesprächs-Partner kann jetzt sagen:
Du hast alles richtig verstanden.
Er kann uns auch verbessern.

Er kann zum Beispiel sagen:
Ich habe mich über die frischen Erdbeeren gefreut.

So üben wir ein besseres Verständnis.
Und wir erkennen Missverständnisse sofort.

Schritt 4

In der 2. Runde tauschen wir die Rollen.
Jetzt können wir 2 Minuten lang etwas erzählen.
Unser Gesprächs-Partner hört uns aufmerksam zu.
Danach wiederholt er unsere Geschichte.
Und wir können noch einmal antworten.

Am Ende der Übung bedanken wir uns für das Zuhören.
Wir können auch über unsere Gefühle sprechen.

Wir geben uns gegenseitig Kraft

Wir alle freuen uns über freundliche Worte.
Wir können zum Beispiel einem anderen Menschen sagen:
Ich mag dein T-Shirt.

Solche Worte geben uns und anderen Menschen Kraft.
Doch fallen sie uns im Alltag oft schwer.
Oft achten wir zu sehr auf die schlechten Dinge im Leben.
Wir achten <u>nicht</u> auf das Schöne um uns herum.
Wir sehen <u>nicht</u> das Gute in anderen Menschen.

Freundliche Worte können wir üben.
Das geht einfach und fast überall.
Wir können zum Beispiel:

- dem Haus-Meister für das saubere Treppen-Haus danken.
- Freunden für das leckere Essen danken.
- uns mit Kollegen über ihren Erfolg freuen.

Durch freundliche Worte machen wir uns gegenseitig stark.
Auch in einer Gruppe verbessert sich so die Stimmung.
Wir können dann besser zusammen-arbeiten.
Gemeinsam können wir die Welt schöner machen.

Schritt 1

Als erstes kommen wir zur Ruhe.
Dafür setzen wir uns hin.
Dann schließen wir die Augen.
Wir können auch eine Hand auf den Brust-Korb legen.
Jetzt achten wir auf die schönen Gefühle in uns.
Dafür denken wir an etwas Schönes in unserem Leben.
Wir denken zum Beispiel an unser Haus-Tier.
Wir atmen 3 Mal tief ein und aus.

Schritt 2

Als nächstes wählen wir einen Übungs-Partner aus.
Das kann zum Beispiel ein Kollege aus dem Garten sein.
Wir schauen dem Menschen bei seiner Arbeit zu.
Wir schauen genau hin.
Wir fragen uns:

- Was mag ich an diesem Menschen?
- Was macht diesen Menschen schön?
- Wofür bin ich ihm dankbar?

Schritt 3

Wir sagen unserem Übungs-Partner etwas Freundliches.
Wir sagen,
was wir beobachtet haben.

Wir sagen zum Beispiel:
Du hast die Pflanzen im Garten gegossen.
Du hast das mit viel Liebe gemacht.
Ich arbeite sehr gern mit dir zusammen.

Schritt 4

Jetzt tauschen wir mit unserem Übungs-Partner die Rollen.
Unser Übungs-Partner sagt uns jetzt:

- Das mag er an uns.
- Das macht uns schön.
- Dafür ist er uns dankbar.

Wir hören ihm still und aufmerksam zu.
Wir genießen die freundlichen Worte.

Über den eigenen Teller-Rand blicken

Über den eigenen Teller-Rand blicken

In diesem Kapitel blicken wir über unseren Teller-Rand.
Über den Teller-Rand blicken bedeutet:
Wir sehen etwas,
das wir vorher noch nicht kannten.
Dadurch lernen wir etwas Neues.

Ein Blick über den Teller-Rand lohnt sich beim Essen.
Dabei können wir etwas über die Herstellung von unserem Essen lernen.
Unser Essen verändert das Leben von vielen Menschen.
Diese Menschen stellen unser Essen her.
Sie ernten zum Beispiel Erdbeeren oder töten Tiere für Fleisch.
Diese Arbeit ist oft schlecht für die Gesundheit.
Viele Menschen machen diese Arbeit für sehr wenig Geld.

Unser Essen verändert auch das Leben von Tieren.
Ein Grund dafür ist zum Beispiel die Massen-Tier-Haltung.
In der Massen-Tier-Haltung leben viele Tiere in einem Stall.
In dem Stall haben die Tiere sehr wenig Platz.
Sie können sich nicht bewegen oder hinlegen.
Sie bekommen viele Medikamente.
Sie bekommen sehr viel Futter in sehr kurzer Zeit.

Unser Essen verändert auch die Natur.
Ein Grund dafür sind zum Beispiel die Schad-Stoffe.
Schad-Stoffe schaden der Umwelt und den Menschen.
In der Land-Wirtschaft gibt es viele verschiedene Schad-Stoffe.
Schad-Stoffe sind zum Beispiel in Pflanzen-Schutz-Mitteln.
Mit Pflanzen-Schutz-Mitteln bleiben Pflanzen gesund.
Oft schaden Pflanzen-Schutz-Mittlel aber anderen Lebewesen.
Sie können auch unser Trink-Wasser verschmutzen.

All diese Probleme brauchen große Veränderungen.
Die großen Veränderungen müssen die Politiker machen.
Die Politiker müssen strengere Gesetze machen.

Gleichzeitig kann jeder Mensch kleine Dinge verändern.
Wir können die Natur und die Tiere schützen.
Wir können auch andere Menschen unterstützen.
Wir können zum Beispiel:

- Essen von kleinen Bauern-Höfen kaufen.
- kein Essen aus Massen-Tier-Haltung kaufen.
- Bio-Gemüse kaufen.

So verbessern wir Dinge in kleinen Schritten.

Wir kaufen klima-freundlich ein

Beim Einkaufen können wir etwas für das Klima tun.
Wir können also klima-freundlich einkaufen.
Klima-freundlich einkaufen bedeutet zum Beispiel:

- Wir wählen Bio-Lebens-Mittel aus.
- Wir vermeiden Verpackungen.
- Wir werfen <u>keine</u> Lebens-Mittel weg.

Dadurch entsteht weniger Müll.

Tipp 1: Die Übersicht behalten

Klima-freundliches Einkaufen fängt bei uns zu Hause an.
Oft vergessen wir Lebens-Mittel in unseren Schränken.
Vor dem Einkaufen schauen wir deshalb nach:

- Das haben wir im Kühl-Schrank.
- Das haben wir im Vorrats-Schrank.
- So lange sind die Lebens-Mittel noch gut.

Danach können wir eine Einkaufs-Liste schreiben.
Die Einkaufs-Liste nehmen wir mit in den Super-Markt.

Tipp 2: Kleine Mengen kaufen

Wir kaufen oft zu viel auf einmal ein.
Dann haben wir zu viele Lebens-Mittel zu Hause.
Die Lebens-Mittel werden schlecht.
Besonders frische Lebens-Mittel werden schnell schlecht.
Frisches Obst und Gemüse halten sich oft nur wenige Tage.
Darum kaufen wir am besten nicht zu viel auf einmal.
Beim Einkaufen sollten wir keinen Hunger haben.
Mit Hunger kaufen wir mehr Lebens-Mittel ein.

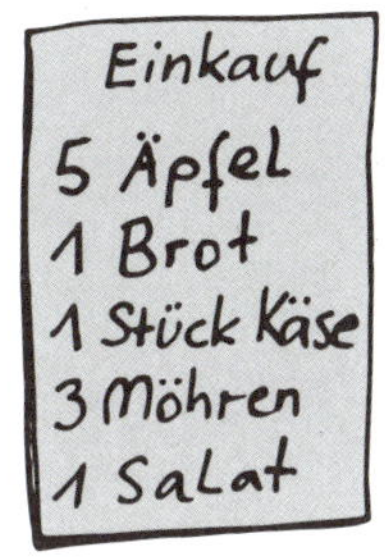

Tipp 3: Frisch einkaufen

Im Super-Markt gibt es viele Fertig-Gerichte.
Fertig-Gerichte sind nicht so gut für die Gesundheit.
Fertig-Gerichte enthalten zum Beispiel viel Zucker.
Sie enthalten auch viel Fett.
Am besten bereiten wir unser Essen selbst frisch zu.
Frisches Gemüse ist zum Beispiel gesünder als Tief-Kühl-Pizza.
Frische Lebens-Mittel sind seltener eingepackt.
Dadurch entsteht weniger Müll.

Tipp 4: Ernte-Zeiten beachten

Jedes Obst und Gemüse hat eine Ernte-Zeit.
Im Frühling ist zum Beispiel Spargel-Zeit.
Im Früh-Sommer gibt es viele Erdbeeren.
Im Herbst gibt es Kürbisse.
In der Ernte-Zeit kostet Obst und Gemüse weniger.
Es schmeckt besser.
Es ist gesünder.

Tipp 5: Regional einkaufen

Regionale Lebens-Mittel kommen aus unserer Nähe.
Viele Lebens-Mittel kommen aus anderen Ländern.
Kakao wächst zum Beispiel in West-Afrika.
Avocados wachsen in Süd-Amerika.
Manchmal gibt es auch Angebote aus verschiedenen Ländern.
Es gibt zum Beispiel Äpfel aus Deutschland und aus Chile.
Wir kaufen die Äpfel aus Deutschland.
So vermeiden wir lange Transport-Wege.

Tipp 6: Bio kaufen

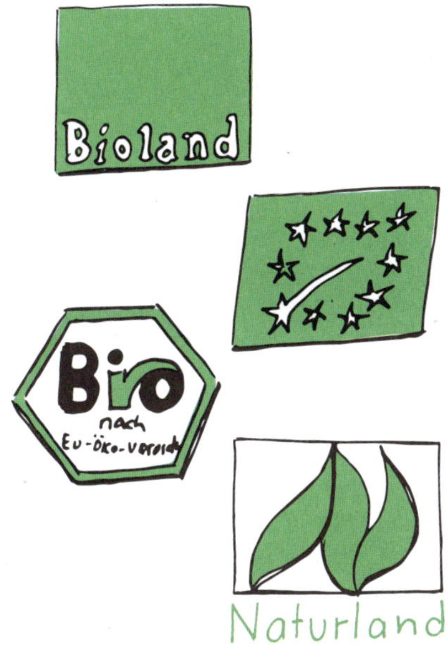

Bio-Lebens-Mittel kommen aus ökologischer Land-Wirtschaft.
Ökologische Land-Wirtschaft bedeutet:
Das Obst und Gemüse wächst ohne Chemikalien.
Chemikalien sind giftig für die Umwelt.
Ökologische Land-Wirtschaft ist auch besser für die Tiere.
Die Tiere haben mehr Platz im Stall.
Sie können sich an der frischen Luft bewegen.

Tipp 7: Unverpackt einkaufen

Viele Lebens-Mittel sind eingepackt.
Eine Verpackung ist zum Beispiel Plastik-Folie.
Die Verpackungen sollen die Lebens-Mittel frisch halten.
Durch die Verpackungen entsteht viel Müll.
Viele Lebens-Mittel können wir ohne Verpackungen kaufen.
Zum Einpacken können wir Taschen von zu Hause benutzen.
So vermeiden wir Müll beim Einkaufen.

Wir bauen ein Beet für zu Hause

Von der Erde bekommen wir unsere Nahrung.
Seit vielen Tausend Jahren bauen Menschen ihre Nahrung an.
Anbauen bedeutet zum Beispiel:

- Bauern pflanzen Gemüse und Getreide in die Erde.
- Sie pflanzen Obst-Bäume auf ihren Wiesen.

So ernähren Bauern die Menschen auf der Erde.

Wir können Nahrung auch selbst anbauen.
Dafür brauchen wir nur ein kleines Beet für zu Hause.
Mit wenig Platz können wir unser eigenes Gemüse ernten.
Wir können zum Beispiel alte Obst-Kisten benutzen.
Die Kisten können wir auf den Balkon oder die Terrasse stellen.
Wir können Kräuter und Gemüse darin pflanzen.

Ein eigenes Beet verbindet uns mit der Natur.
Wir stellen unsere eigene Nahrung her.
Wir lernen mehr über Pflanzen.
Wir können den Pflanzen beim Wachsen zusehen.
Wir erkennen:
In jedem Nahrungs-Mittel steckt viel Zeit und Arbeit.
Nahrungs-Mittel sind wertvoll.

SPINAT
MOHREN
SALAT

Wir brauchen:

1 Obst-Kiste aus Holz
1 Noppen-Folie für Hoch-Beete aus dem Bau-Markt
1 Zoll-Stock
1 Stift
1 Schere
1 Rolle Krepp-Klebe-Band
Etwa 60 Liter Garten-Erde
1 Gieß-Kanne
Jung-Pflanzen oder Samen
aus dem Garten-Markt oder dem Super-Markt

Schritt 1

Wir messen die Kiste mit einem Zoll-Stock.
Wir messen als erstes den Boden.
Dann messen wir die schmale Seite.
Dann messen wir die breite Seite.
Wir schreiben alle Maße auf ein Blatt Papier.
Die Maße brauchen wir für die Noppen-Folie.

Schritt 2

Wir schneiden die Noppen-Folie zu.
Wir brauchen:

- 1 Stück Folie für den Boden
- 2 Stück Folie für die schmalen Seiten
- 2 Stück Folie für die breiten Seiten

Wir zeichnen die Stücke mit einem Stift auf die Folie.
Dann scheiden wir die Stücke mit einer Schere aus.

Schritt 3

Jetzt kommen die Folien-Stücke in die Kiste.

Die Noppen müssen immer zur Holz-Seite zeigen.

Das Folien-Stück für den Boden legen wir in die Kiste.

Die anderen Stücke befestigen wir an den Seiten.

Zum Befestigen nehmen wir Krepp-Klebe-Band.

Zwischen den Folien-Stücken bleiben Lücken.

Durch die Lücken kann später das Wasser abfließen.

Schritt 4

Wir stellen die Kiste an einen schönen und hellen Ort.

Wir stellen sie zum Beispiel:

- auf unseren Balkon.
- in den Hinter-Hof von unserem Haus.

Am besten steht die Kiste etwas höher.

Sie steht gut auf Holz-Blöcken oder Ziegel-Steinen.

So kommen wir später einfacher an das Beet heran.

Schritt 5

Wir füllen die Kiste mit Garten-Erde.
Wir füllen die Garten-Erde bis kurz vor den Rand.
Dann ziehen wir das Krepp-Klebe-Band ab.
Wir füllen die Kiste bis zum Rand mit Erde auf.

Schritt 6

Jetzt können wir das Beet bepflanzen.
Wir können Jung-Pflanzen in die Erde pflanzen.
Oder wir legen Samen in die Erde.
Auf den Tüten von den Samen können wir nach-lesen:

- So viel Platz braucht die Pflanze.
- In diesem Monat wächst die Pflanze am besten.
- So viel Sonne braucht die Pflanze.

Wir gießen das Beet regelmäßig.

Wir machen pflanzliche Brot-Aufstriche

Viele Menschen essen gern tierische Lebens-Mittel.
Tierische Lebens-Mittel sind zum Beispiel Fische.
Fische fangen wir aus Seen oder dem Meer.
Ein anderes tierisches Lebens-Mittel ist Fleisch.
Für Fleisch halten wir sehr viele Tiere auf Weiden und in Ställen.
Die Tier-Haltung braucht viel Platz.
Die Tier-Haltung braucht auch viele Roh-Stoffe.
Ein Roh-Stoff ist zum Beispiel Getreide für das Tier-Futter.

Pflanzliche Lebens-Mittel sind besser für das Klima.
Pflanzlich sind zum Beispiel Obst, Gemüse und Pilze.
Pflanzliche Lebens-Mittel verbrauchen weniger Roh-Stoffe.
Sie sind auch gut für unsere Gesundheit.

Der Mensch kann sehr gut ohne tierische Lebens-Mittel leben.
Wir können Linsen-Aufstrich statt Wurst auf unserem Brot essen.
Linsen sind genauso nahrhaft wie Fleisch.
Es gibt viele verschiedene Linsen-Arten.
Für unser Rezept nehmen wir rote Linsen.
Rote Linsen werden beim Kochen schnell weich.
Darum sind sie gut für Brot-Aufstriche.

Rezept: Brot-Aufstrich mit Linsen

Wir brauchen:

1 Kaffee-Tasse rote Linsen

1 Hand voll Petersilie

4 Ess-Löffel Sesam-Paste

1 Tee-Löffel gemahlener Kreuz-Kümmel

1 Tee-Löffel Salz

1 Tee-Löffel Essig

1 Sieb

1 kleinen Topf

1 Stab-Mixer

1 großer Rühr-Becher

1 Herd

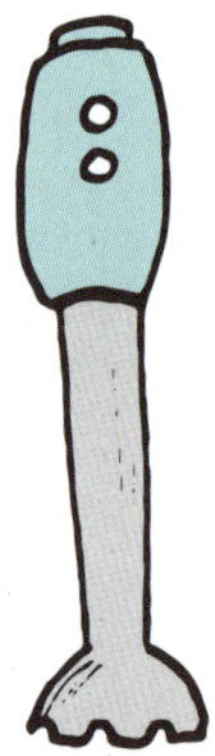

Sesam-Paste und Kreuz-Kümmel gibt es im Super-Markt.

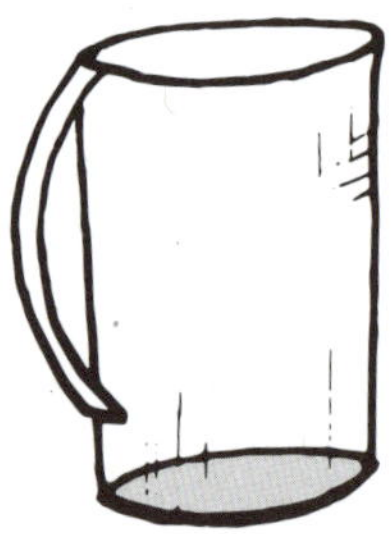

Schritt 1

Wir schütten die Linsen in das Sieb.
Wir waschen die Linsen unter dem Wasserhahn gut ab.
Am Anfang ist das Wasser grau und trüb.
Nach einer Weile wird das Wasser klar.
Dann sind die Linsen gut abgewaschen.

Schritt 2

Wir geben die Linsen in den Topf.
Wir füllen den Topf mit Wasser.
Das Wasser muss über den Linsen sein.

Wir stellen den Topf auf die Herd-Platte.
Wir bringen das Wasser zum Kochen.
Dann stellen wir die Herd-Platte auf niedrige Hitze.
Wir lassen die Linsen 10 Minuten lang kochen.

Schritt 3

Wir gießen die Linsen im Sieb ab.
Wir lassen die Linsen im Sieb gut abtropfen.
Dann geben wir die Linsen in den Rühr-Becher.
Der Rühr-Becher sollte höchstens halb voll sein.
Dann können wir die Zutaten leichter mischen.
Es spritzt später <u>nichts</u> über den Rand.

Schritt 4

Wir waschen die Petersilie mit Wasser.
Dann zupfen wir die Petersilie mit den Fingern klein.
Oder wir zerkleinern sie mit einer Küchen-Schere.
Wir können von der Petersilie Blätter und Stiele benutzen.
Wir geben die Petersilie in den Rühr-Becher.

Schritt 5

Wir geben die anderen Zutaten in den Rühr-Becher:

- die Sesam-Paste
- den gemahlenen Kreuz-Kümmel
- das Salz
- den Essig

Jetzt brauchen wir den Stab-Mixer.
Mit dem Stab-Mixer zerkleinern wir die Zutaten.

Schritt 6

Wir probieren den Aufstrich.
Vielleicht müssen wir noch nach-würzen.
Wir können den Aufstrich noch etwas mehr salzen.
Wir können auch noch mehr Essig dazu-geben.

Wir füllen den Linsen-Aufstrich in eine Schüssel.
Der Linsen-Aufstrich schmeckt gut auf frischem Brot.
Guten Appetit.

Wir kochen mit Brot-Resten

Jeden Tag werfen die Menschen viel Brot in die Müll-Tonne.
Manchmal kann die Bäckerei nicht alles verkaufen.
Zu Hause wird das Brot manchmal hart.

Das Weg-Werfen von Brot ist schlecht für die Umwelt.
Für das Brot brauchen wir viele Roh-Stoffe.
Ein Roh-Stoff für Brot ist zum Beispiel Getreide.
Brot-Backen ist viel Arbeit.
Für das Getreide arbeiten Bauern.
Das Backen ist die Arbeit vom Bäcker.

Deshalb wollen wir Brot-Reste aufessen.
Aus Brot-Resten kann man leckere Gerichte kochen.
Dafür gibt es viele verschiedene Rezepte.
Für unser Rezept sammeln wir Brot-Reste in einer Papier-Tüte.
Am besten schneiden wir das Brot in kleine Stücke.
Dann lassen wir es trocknen.

Wichtig: Wir suchen das Brot vorher nach Schimmel ab.
Schimmeliges Brot hat graue oder grüne Flecken.
Schimmeliges Brot darf man nicht essen.

Rezept: Bratlinge aus Brot-Resten

Für 10 Bratlinge brauchen wir:

200 Gramm trockene Brot-Stücke
1 mittel-große Zwiebel
1 Hand voll Rucola-Salat
2 Ess-Löffel getrocknete Tomaten in Öl
2 Ess-Löffel Oliven ohne Kerne
1 Ess-Löffel Senf
3 Ess-Löffel Panier-Mehl
Salz und Pfeffer zum Würzen
Öl zum Braten in der Pfanne

1 große Schüssel
1 Schneide-Brett
1 Messer
1 Brat-Pfanne
1 Pfannen-Wender
1 Herd

Schritt 1

Wir geben die Brot-Reste in eine Schüssel.
Wir kochen Wasser mit einem Wasser-Kocher.
Dann warten wir etwa 15 Minuten.
So kann das Wasser ein bisschen abkühlen.
Dann übergießen wir das Brot mit dem Wasser.

Schritt 2

Das Brot muss mit dem Wasser bedeckt sein.
Wir verrühren Brot und Wasser.
Das können wir zum Beispiel mit einer Gabel machen.
Wir lassen das Brot einweichen.
Wir warten 5 bis 10 Minuten.

Schritt 3

Das trockene Brot saugt viel Wasser auf.
Für den Teig muss es ganz feucht sein.
Dann können wir den Teig gut kneten.

Manchmal ist das Brot noch zu hart.
Dann gießen wir noch einmal heißes Wasser nach.
Wir warten 5 Minuten.
Wir kneten den Teig gut durch.

Schritt 4

Wir schälen die Zwiebel.
Wir schneiden sie in kleine Stücke.

Wir lassen die Oliven abtropfen.
Wir lassen die getrockneten Tomaten abtropfen.
Wir schneiden beides in kleine Stücke.

Schritt 5

Wir waschen den Rucola-Salat.
Wir trocknen ihn ab.
Wir schneiden den Rucola-Salat in kleine Stücke.

Schritt 6

Wir nehmen die Schüssel mit dem Brot.
Wir geben die anderen Zutaten in die Schüssel:

- die Zwiebel
- die Oliven
- die getrockneten Tomaten
- den Rucola-Salat
- den Senf

Wir vermischen alle Zutaten mit einem Löffel.

Schritt 7

Wir geben das Panier-Mehl zum Teig.
Das Panier-Mehl macht den Teig fester.
Der Teig sollte <u>nicht</u> mehr klebrig sein.
Dann können wir ihn leichter mit den Händen formen.

Wir würzen den Teig mit Salz und Pfeffer.
Wir kneten mit den Händen alles gut durch.

Schritt 8

Wir formen aus dem Teig einen Bratling.
Dafür nehmen wir einen kleinen Teil vom Teig in beide Hände.
Wir formen eine Kugel daraus.
Die Kugel drücken wir platt.
Fertig ist der Bratling aus Brot.

Alle Bratlinge sollten ungefähr gleich groß sein.

Schritt 9

Wir erhitzen Öl in einer Brat-Pfanne.
Wir legen die Bratlinge in die Brat-Pfanne.
Wir braten sie auf einer Seite an.
Sie sollen braun und knusprig werden.
Dann drehen wir die Bratlinge in der Brat-Pfanne um.
Wir braten sie auf der anderen Seite an.

Schritt 10

Die fertigen Bratlinge legen wir auf einen Teller.
Wir lassen die Bratlinge etwas abkühlen.

Jetzt können wir sie essen und genießen.
Zu den Bratlingen schmeckt frischer Salat.

Guten Appetit.

Unsere Umwelt sauber halten

Unsere Umwelt sauber halten

Tag für Tag gibt es mehr Müll auf unserer Erde.
Die Menschen machen den Müll:

- beim Herstellen von Produkten.
- beim Verschicken von Paketen.
- bei sich zu Hause.

Mancher Müll bleibt für viele Jahre in der Umwelt.
Ein Beispiel hierfür ist Plastik-Müll.
Plastik-Müll liegt viel zu oft in der Natur.
Manche Menschen werfen ihren Müll einfach auf den Boden.
In der Natur geht der Plastik-Müll <u>nicht</u> einfach weg.
Aus Plastik-Tüten zum Beispiel werden mit der Zeit kleine Plastik-Stücke.
Diese Plastik-Stücke liegen überall herum.

Plastik-Müll liegt in unseren Parks und Wäldern.
Sehr viel Plastik-Müll schwimmt im Meer.
Kleine Plastik-Teilchen schwimmen überall im Wasser.
Es gibt auch ganze Inseln aus Plastik-Müll.
Die Tiere im Meer bleiben im Plastik-Müll hängen.
Oder sie fressen den Plastik-Müll.
Oft sterben die Tiere daran.

Deutschland schickt sehr viel Müll in andere Länder.
Dort landet der Müll oft auf großen Müll-Kippen.
Auf den Müll-Kippen bleibt der Müll für lange Zeit liegen.
Aus dem Müll gelangen Schad-Stoffe in die Natur.
Schad-Stoffe sind giftig für:

- Pflanzen
- Tiere
- Menschen

Unser Müll ist also ein weltweites Problem.
Es betrifft alle Orte und alle Menschen auf der Erde.
Das Müll-Problem können wir unterschiedlich lösen.
Am besten verringern wir die Müll-Menge.
Das bedeutet:
Wir vermeiden neuen Müll.

Neuen Müll können wir zum Beispiel vermeiden,

- wenn wir Produkte ohne Verpackung einkaufen.
- wenn wir gebrauchte Dinge einkaufen.
- wenn wir kaputte Dinge reparieren.
- wenn wir unseren Müll sortieren.

Wir sortieren unseren Müll

Jeden Tag werfen wir viele Dinge in den Müll.
Oft kann man den Müll wieder benutzen.
Das Wieder-Benutzen von Müll nennt man Recycling.
Das Wort wird so ausgesprochen: Ri-zei-kling.
Durch das Recycling von Müll sparen wir Roh-Stoffe.
Roh-Stoffe kommen aus der Natur.
Roh-Stoffe sind zum Beispiel Holz und Metall.

Für das Recycling gibt es besondere Fabriken.
Die Fabriken verarbeiten den Müll zu neuen Produkten:

- Sie machen Taschen-Tücher aus Alt-Papier.
- Sie machen neue Verpackungen aus Plastik-Flaschen.
- Sie machen Strom aus Bio-Müll.

Für das Recycling müssen wir unseren Müll zu Hause sortieren.
Die Fabriken können den sortierten Müll besser recyceln.
Den meisten Müll können wir in den Haus-Müll werfen.
Für den Haus-Müll gibt es verschiedene Müll-Tonnen.
Außerdem gibt es in jeder Stadt große Sammel-Behälter für Alt-Glas.
Und es gibt Recycling-Höfe für besondere Müll-Sorten.
Besonderer Müll sind zum Beispiel alte Möbel.

Wir haben Eigenbedarf!
Deutsche Wohnen & Co. enteignen!
Flachglas
Bleiglas
Glühbirnen
STOPP
Keramik
Steingut
Porzellan
www.gruener-punkt.de/glas
XXIII
Nur für
Braunglas

Gelbe Tonne

Die meisten Müll-Sorten kommen in die gelbe Tonne.
Die gelbe Tonne ist zum Beispiel für:

- Verpackungen aus Metall
- Verpackungen aus Plastik
- Getränke-Kartons für Milch und Saft

Fabriken waschen und sortieren den Müll.
Wir müssen den Müll nicht waschen.
Wir müssen nur die Lebensmittel-Reste weg machen.

Die Verpackungen drücken wir nicht zusammen.
Das ist besser für das Recycling.
Vor dem Weg-Werfen können wir die Materialien trennen.
Joghurt-Becher sind zum Beispiel aus Plastik.
Ihr Deckel ist aus Metall.
Vor dem Weg-Werfen können wir den Deckel abziehen.
Dann lassen sich die Materialien leichter sortieren.

Blaue Tonne

In die blaue Tonne kommen Papier und Pappe.
Aus Papier und Pappe sind zum Beispiel:

- Zeitungen und Brief-Umschläge
- Pizza-Kartons und Eier-Kartons

Manche Papier-Arten kommen nicht in die blaue Tonne.
Das sind zum Beispiel Kassen-Zettel und Back-Papier.
Sie sind aus einem besonderen Papier.
Deshalb gehören sie in die schwarze Tonne.

Papier und Pappe lassen sich gut recyceln.
Das bedeutet:
Fabriken können neues Papier daraus machen.
Es gibt zum Beispiel Toiletten-Papier aus altem Papier.
Dafür müssen Papier und Pappe sauber sein.
Er dürfen keine Essens-Reste darauf sein.
Es dürfen auch keine großen Öl-Flecken darauf sein.
Dreckiges oder öliges Papier kommt in die schwarze Tonne.

Braune Tonne

Die braune Tonne ist für unseren Bio-Müll.
Bio-Müll ist zum Beispiel:

- welke Blumen
- Essens-Reste
- Schalen von Obst und Gemüse
- Schalen von Eiern
- Reste von Kaffee und Tee

Wir können unseren Bio-Müll in einer Schale sammeln.
Die Schale können wir einfach abwaschen.
Wir können den Bio-Müll auch in Zeitungs-Papier einwickeln.
In den Bio-Müll dürfen <u>keine</u> Plastik-Tüten.
Auch grüne Tüten aus Bio-Plastik dürfen <u>nicht</u> in den Bio-Müll.
Die Plastik-Tüten verrotten zu langsam oder <u>gar nicht</u>.
Verrotten bedeutet:
Aus dem Bio-Müll wird Erde.

Glas-Container

Glas-Container gibt es für weißes, grünes und braunes Glas.
Alle anderen Farben kommen in den grünen Glas-Container.
In die Glas-Container dürfen nur:

- Gläser für Lebens-Mittel
- Gläser für Getränke

In die Glas-Container dürfen keine Trink-Gläser.
In die Glas-Container dürfen keine Deko-Gläser.
Deko-Gläser sind zum Beispiel Vasen oder Kerzen-Halter.

Pfand-Flaschen und Pfand-Dosen

Manche Flaschen und Dosen können wir zurückgeben.
Wir haben beim Kauf extra Geld dafür bezahlt.
Man sagt auch:
Wir haben einen Pfand darauf bezahlt.
Den Pfand bekommen wir zurück.
Die Flaschen und Dosen kommen in Fabriken.
Die Fabriken machen neue Flaschen und Dosen daraus.
So können wir sie mehrere Male verwenden.

Sperr-Müll

Sperr-Müll ist sperriger Müll.
Sperrig bedeutet:
Er passt in keine Müll-Tonne.
Sperr-Müll sind zum Beispiel alte Möbel oder Matratzen.
Sperr-Müll können wir in Recycling-Höfen abgegeben.
In vielen Städten gibt es auch Sperr-Müll-Tage.
Dann holt die Stadt-Reinigung den Sperr-Müll kostenlos ab.

Sonder-Müll

Für Sonder-Müll gibt es besondere Sammel-Stellen.
Denn Sonder-Müll ist giftig für die Umwelt.
Er darf in keine Müll-Tonne.
Zum Sonder-Müll gehören zum Beispiel:

- alte Farben und Lacke
- alte CDs und DVDs
- alte Batterien
- alte technische Geräte

Alt-Kleider-Sammlung

Die Alt-Kleider-Sammlung ist für unsere alte Kleidung.
Manche Kleidungs-Stücke sind in einem guten Zustand.
Diese Alt-Kleider können wir spenden.
Wir können sie zum Beispiel an obdachlose Menschen spenden.

Andere Alt-Kleider sind vom vielen Tragen kaputt gegangen.
Diese Kleider bringen wir zum Recycling-Hof.
Oder wir werfen sie in die schwarze Tonne.

Schwarze Tonne

Nach dem Müll-Sortieren haben wir noch Rest-Müll.
Im besten Fall haben wir ganz wenig Rest-Müll.
Der Rest-Müll kommt in die schwarze Tonne.

In den Rest-Müll gehören zum Beispiel:
- benutzte Taschen-Tücher
- Bade-Zimmer-Müll
- kaputtes Küchen-Geschirr

Wir machen Tücher mit Bienen-Wachs

In der Küche bleiben oft Lebens-Mittel übrig.
Die Lebens-Mittel packen wir gut ein.
So bleiben sie länger frisch.
Oft benutzen wir dafür Alu-Folie oder Frischhalte-Folie.
Alu-Folie ist aus dem Metall Aluminium.
Frischhalte-Folie ist aus Kunst-Stoff.
Beides ist schlecht für die Umwelt.
Denn das Herstellen verbraucht viel Energie und Roh-Stoffe.

Eine bessere Möglichkeit sind Bienen-Wachs-Tücher.
Darin können wir auch Lebens-Mittel einpacken.
Sie sind sehr praktisch für Pausen-Brote oder Käse.
Wir können auch Teller und Schüsseln damit abdecken.

Bienen-Wachs-Tücher können wir immer wieder verwenden.
Man braucht dafür wenig Energie und Roh-Stoffe.
Bienen-Wachs-Tücher bestehen aus Baumwoll-Stoff und Bienen-Wachs.
Wir können sie leicht selber machen.
Zum Selber-Machen benutzen wir reines Bienen-Wachs.
Reines Bienen-Wachs kann man zum Beispiel in der Apotheke kaufen.
Es heißt auch Cera flava oder Cera alba.

Für 4 Bienen-Wachs-Tücher brauchen wir:

Stoff-Reste aus 100 Prozent Baumwolle

Stoff-Reste sind zum Beispiel alte Bett-Wäsche oder Hemden.

1 Zick-Zack-Schere

Zick-Zack-Scheren gibt es zum Beispiel im Bastel-Laden.

4 Ess-Löffel Bienen-Wachs-Pastillen

Bienen-Wachs-Pastillen sind kleine Wachs-Kügelchen.

1 Ess-Löffel Kokos-Öl

1 großer Topf

1 kleiner Topf, der in den großen Topf passt

1 Back-Blech

1 Back-Pinsel aus Silikon

3 Blätter Back-Papier

1 Herd und Back-Ofen

1 Bügel-Eisen

1 Bügel-Brett

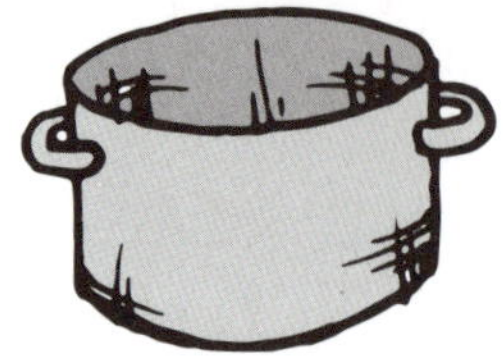

Kokos-ÖL

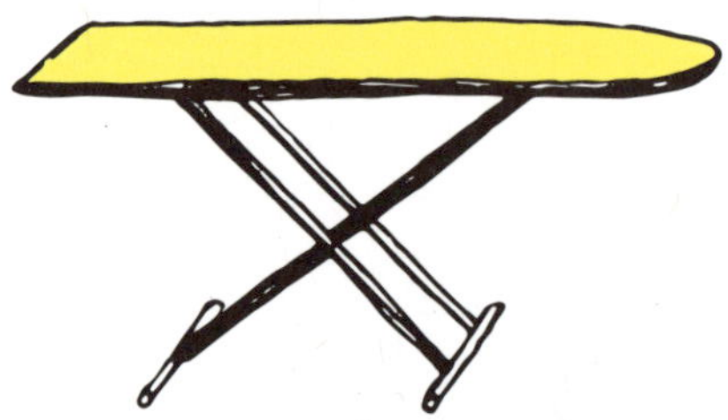

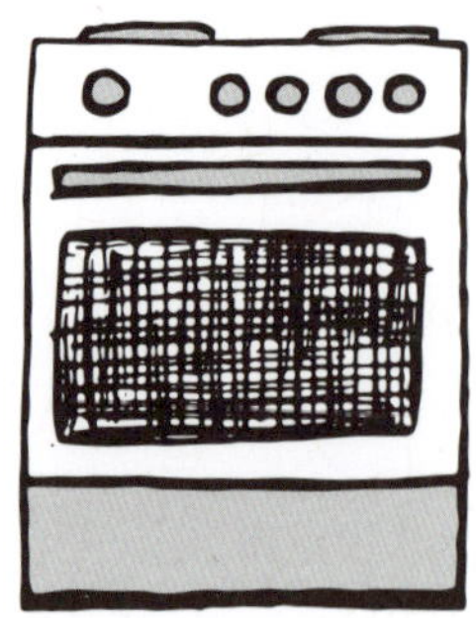

Schritt 1

Als erstes schneiden wir den Stoff in Stücke.
Bienen-Wachs-Tücher können rund oder eckig sein.
Wir haben den Stoff in eckige Stücke geschnitten.
Die Stoff-Stücke sind 20 mal 20 Zentimeter groß.
Das ist eine gute Größe für ein Stück Käse.
Die Stoff-Stücke können aber auch größer oder kleiner sein.

Schritt 2

Zum Schneiden nehmen wir eine Zick-Zack-Schere.
Dann fransen die Kanten von dem Stoff <u>nicht</u> aus.
Das bedeutet:
Es hängen <u>keine</u> Fäden aus dem Stoff heraus.
So halten die Bienen-Wachs-Tücher länger.
Man kann auch eine normale Schere benutzen.

Schritt 3

Wir legen 1 Blatt Back-Papier auf ein Back-Blech.
Auf das Back-Papier legen wir die Stoff-Stücke.
Die Stoff-Stücke können übereinander liegen.
Dann heizen wir den Back-Ofen vor.
Wir stellen die Temperatur auf 100 Grad.

Schritt 4

Wir geben Kokos-Öl und Bienenwachs in den kleinen Topf.
Den kleinen Topf erhitzen wir in einem Wasser-Bad.
Das bedeutet:
Wir füllen den großen Topf mit etwas Wasser.
Dann stellen wir den kleinen Topf in den großen Topf.
Der Boden vom kleinen Topf muss im Wasser sein.
Wir erhitzen das Wasser auf dem Herd.
Durch die Wärme schmilzt das Bienen-Wachs.

Schritt 5

Wir rühren das Öl und Bienen-Wachs gut um.
So vermischen sich beide Zutaten miteinander.
Die flüssige Mischung gießen wir auf die Stoff-Stücke.
Wir können sie mit einem Back-Pinsel verteilen.
Das Bienen-Wachs wird schnell wieder hart.
Das ist nicht schlimm.
Im Back-Ofen wird es wieder flüssig.

Schritt 6

Wir schieben das Back-Blech in den Back-Ofen.
Das Bienen-Wachs soll wieder flüssig werden.
So verteilt sich das Bienen-Wachs gut auf den Stoff-Stücken.
Wir können es noch einmal mit dem Back-Pinsel verstreichen.

Schritt 7

Wir nehmen das Back-Blech aus dem Back-Ofen heraus.
Wir schalten den Back-Ofen aus.
Wir nehmen die Bienen-Wachs-Tücher einzeln in die Hände.
Dabei sind wir sehr vorsichtig.
Denn der Stoff kann heiß sein.
Am besten fassen wir den Stoff an den Ecken an.
Wir bewegen den Stoff in der Luft hin und her.
So trocknet das Bienen-Wachs-Tuch schnell.

Schritt 8

Das Bienen-Wachs muss gleichmäßig verteilt sein.
Manchmal hat der Stoff noch Flecken,

- weil zu viel Bienen-Wachs auf einer Stelle ist.
- weil kein Bienen-Wachs auf einer Stelle ist.

Dann können wir das Bienen-Wachs-Tuch bügeln.
Wir legen es zwischen 2 Blätter Back-Papier.
Wir bügeln mit dem Bügel-Eisen darüber.
Dann lassen wir das Bienen-Wachs-Tuch abkühlen.

Schritt 9

In das Bienen-Wachs-Tuch können wir Essen einwickeln.
Nach dem Verwenden können wir es einfach abwaschen.
Dafür halten wir es unter warmes Wasser.
Das Wasser darf nicht zu warm sein.
Sonst schmilzt das Bienen-Wachs.
Das ist schlecht für das Tuch.
Man kann auch etwas Spül-Mittel zum Abwaschen nehmen.

Schritt 10

Bienen-Wachs-Tücher werden irgendwann alt.
Oft kann man das Bienen-Wachs-Tuch noch reparieren.
Dafür legen wir es auf 1 Blatt Back-Papier.
Wir streuen ein paar Bienen-Wachs-Pastillen darauf.
Dann legen wir 1 Blatt Back-Papier darüber.
Wir bügeln mit dem Bügel-Eisen über das Back-Papier.
Nach dem Bügeln ist das Bienen-Wachs-Tuch wie neu.

Weniger kaufen, weniger brauchen

Weniger kaufen, weniger brauchen

In diesem Kapitel geht es um unseren Konsum.
Konsum bedeutet:
Wir kaufen oder verbrauchen Dinge.

Wir konsumieren viele verschiedene Dinge.
Manche Dinge brauchen wir jeden Tag zum Leben.
Wir brauchen zum Beispiel:

- Essen und Trinken zum Überleben
- ein Bett zum Schlafen
- Kleidung zum Schutz vor Kälte oder Regen

Andere Dinge brauchen wir nicht zum Leben.
Manche Menschen lieben zum Beispiel ihre Pflanzen.
Manche Menschen sammeln Post-Karten von ihren Reisen.
Solche Dinge machen unser Leben schöner.

Wir kaufen immer wieder neue Dinge ein.
Beim Einkaufen ist schwer zu erkennen:

- Was brauche ich wirklich?
- Was macht mein Leben schöner?
- Was kaufe ich nur wegen der Werbung?

Werbung ist in unserem Leben überall.
Werbung gibt es im Internet und auf den Straßen.
Durch die Werbung kaufen wir mehr.
Die Werbung macht immer neue Wünsche.
Die Werbung sagt:
Kaufen macht dich glücklich.
Das Glück nach dem Kaufen hält meistens nur kurz.
Die Werbung denken sich die Geschäfte aus.
Die Geschäfte möchten ihre Produkte an uns verkaufen.
Mit der Werbung machen sie uns auf die Produkte aufmerksam.

Viele Produkte können wir nur für eine kurze Zeit benutzen:
- Sie gehen schnell kaputt.
- Wir können sie nur einmal benutzen.
- Es gibt dafür <u>keine</u> Ersatz-Teile.
- Wir können sie <u>nicht</u> reparieren.

So kaufen wir immer wieder neue Dinge.

Zu viel Konsum ist schlecht für die Umwelt.
Der Konsum darf <u>nicht</u> immer weiter wachsen.
Darum müssen wir bewusst einkaufen.

Wir kaufen bewusst ein

Wir wollen weniger kaufen.
Vor dem Einkaufen können wir überlegen:

- Was brauche ich wirklich?
- Was ist wichtig für mich?

Das nennt man bewusstes Einkaufen.
Wir haben Tipps für bewusstes Einkaufen gesammelt.
Die Tipps helfen bei der Kauf-Entscheidung.

Tipp 1: Auf die eigenen Gefühle achten

Wir sollten nicht mit schlechter Laune einkaufen.
Mit schlechter Laune kaufen wir oft etwas als Trost.
Das nennt man Frust-Kauf.
Dieser Frust-Kauf verbessert unsere Laune.
Das gute Gefühl bleibt aber nur kurz.
Vor dem Kaufen können wir uns fragen:

- Wie fühle ich mich gerade?
- Warum möchte ich etwas Neues kaufen?

Tipp 2: Mit dem Kaufen warten

Im Laden sehen wir manchmal schöne Dinge.
Wir würden sie am liebsten sofort kaufen.
Es ist aber besser zu warten.
Wir können erst eine Runde spazieren gehen.
Wir können noch eine Nacht darüber schlafen.
So können wir herausfinden:
Was möchte ich wirklich haben?

Tipp 3: Eine Wunsch-Liste schreiben

Wir können eine Liste mit unseren Kauf-Wünschen schreiben.
Wir können überlegen:

- Was kaufe ich wann?
- Welcher Wunsch ist mir besonders wichtig?
- Welcher Wunsch kann warten?

So kaufen wir weniger auf einmal.
Manchmal ändern sich Wünsche mit der Zeit.

Tipp 4: Dinge gebraucht kaufen

Viele Dinge können wir gebraucht kaufen:

- gebrauchte Wasch-Maschinen
- gebrauchtes Geschirr
- gebrauchte Kleidung

Die gebrauchten Dinge kosten weniger.
Sie sind auch viel umwelt-freundlicher.
Denn wir brauchen dafür keine neue Materialien.

Tipp 5: Dinge miteinander teilen

Eine wichtige Frage vor dem Kaufen ist:
Wie oft benutze ich etwas?

Manche Dinge benutzen wir nur selten oder kurz.
Solche Dinge können wir ausleihen.
Man kann zum Beispiel:

- eine Bohr-Maschine von Nachbarn leihen.
- eine Leiter an einen Freund verleihen.

Tipp 6: Alte Dinge reparieren

Manche Dinge benutzen wir oft und gern.
Dadurch gehen sie irgendwann kaputt.
Kleidung bekommt zum Beispiel Löcher und Flecken.
Oft können wir Kleidung selber reparieren.
In vielen Städten gibt es Reparatur-Cafés.
Dort helfen sich Menschen gegenseitig bei der Reparatur.
Manchmal ist die Kleidung schwer zu reparieren.
Dann kann man sie in eine Schneiderei bringen.

Tipp 7: Dinge miteinander tauschen

Für viele Dinge gibt es heute Angebote zum Tauschen.
Es gibt zum Beispiel Tausch-Märkte für Kleidung.
Es gibt auch Online-Tausch-Börsen.
Dort können wir Dinge mit anderen Menschen tauschen.
Wir können unsere Arbeit gegen etwas anderes tauschen.
Wir können zum Beispiel anderen Menschen im Garten helfen.
Für unsere Arbeit bekommen wir etwas zurück.
Das kann zum Beispiel Gemüse aus dem Garten sein.

Wir machen Waschmittel selber

Es gibt viele verschiedene Waschmittel:
- Voll-Waschmittel für weiße Wäsche
- Fein-Waschmittel für feine und empfindliche Stoffe
- Waschmittel für Kleidung aus Wolle oder Seide

Manche Waschmittel sind schlecht für die Umwelt.
Sie lassen sich schwer aus dem Wasch-Wasser heraus-filtern.
So gelangen sie in die Seen und Flüsse.
Dort können sie der Umwelt schaden.
Schlecht für die Umwelt sind zum Beispiel Hygiene-Waschmittel.
Hygiene-Waschmittel töten Krankeits-Erreger.
Sie sollen unsere Wäsche besonders sauber machen.
Das ist aber <u>nicht</u> notwendig.
Für schmutzige Wäsche reicht eine Koch-Wäsche.
Koch-Wäsche ist Waschen bei 90 Grad.

Zum Waschen können wir natürliches Waschmittel verwenden.
Natürliches Waschmittel können wir einfach selber machen.
Es macht die Wäsche genauso sauber wie gekauftes Waschmittel.
Es ist besser für die Umwelt.
Es kostet viel weniger Geld.

Rezept: Waschmittel aus Kernseife

Kernseife ist eine natürliche Seife.
Menschen stellen sie seit vielen 100 Jahren her.
Sie enthält keine Zusatz-Stoffe wie Parfüm oder Farbe.
Wir können mit Kernseife:

- unsere Hände waschen.
- das Holz von unseren Möbeln pflegen.
- unsere Wäsche waschen.

Waschmittel aus Kernseife ist einfach zu machen.
Mit dem Waschmittel können wir fast jede Kleidung waschen.
Nur Wolle und Seide brauchen ein anderes Waschmittel.
Wolle und Seide können wir mit normalem Shampoo waschen.

Für unser Rezept verwenden wir vegane Bio-Kernseife.
Vegan bedeutet:
Die Seife ist ohne tierisches Fett.
Sie enthält nur Pflanzen-Öle.

Für einen Wasch-Gang reicht 1 Ess-Löffel Waschmittel.
Das Waschmittel geben wir in das Waschmittel-Fach.
Bei sehr schmutziger Wäsche nehmen wir 2 Ess-Löffel Waschmittel.

Wir brauchen:

1 feine Reibe
1 Schneide-Brett
1 Schüssel
1 Ess-Löffel
1 großes Glas mit Deckel
100 Gramm Kernseife
150 Gramm Natron
100 Gramm Soda

Kernseife, Natron und Soda sind alte Hausmittel.
Hausmittel bedeutet:
Die Menschen benutzen sie schon sehr lange zu Hause.
Sie benutzen sie zum Beispiel zum Putzen.
Kernseife, Natron und Soda gibt es im Super-Markt.

Schritt 1

Wir nehmen das Schneide-Brett und die Reibe.

Wir reiben die Kernseife ganz fein.

Am besten nehmen wir die feinste Seite von der Reibe.

Die Kernseife-Raspeln geben wir in die Schüssel.

Schritt 2

Jetzt messen wir das Soda ab.

Das können wir mit einer Küchen-Waage machen.

Oder wir nehmen einen Ess-Löffel.

Auf einen Ess-Löffel passen etwa 10 Gramm.

Das bedeutet:

Wir brauchen 10 Ess-Löffel Soda.

Das Soda geben wir in die Schüssel.

Schritt 3

Jetzt messen wir das Natron ab.
Das können wir auch mit einem Ess-Löffel machen.
Wir brauchen 15 Ess-Löffel Natron.
Manchmal ist Natron auch in kleinen Tüten verpackt.
In einer Tüte sind meistens 50 Gramm.
Das bedeutet:
Wir brauchen 3 Tüten.
Das Natron geben wir in die Schüssel.

Schritt 4

Wir mischen alle Zutaten.
Die Mischung geben wir in das Glas.
Fertig ist das natürliche Waschmittel.

Das Glas verschließen wir mit einem Deckel.
Wir stellen es an einen trockenen Ort.
Das Waschmittel reicht für mehrere Wochen.

Wir machen Haut-Salbe selber

Aus Pflanzen können wir verschiedene Dinge machen.
Kamillen-Blüten können wir zum Beispiel für Tee verwenden.
Wir können auch Haut-Creme daraus machen.
Denn Kamille hat eine beruhigende Wirkung.
Im Tee beruhigt Kamille unseren Magen.
Als Haut-Creme beruhigt Kamille unsere Haut.
Die Kamille gehört deshalb zu den Heil-Pflanzen.
Heil-Pflanzen haben eine heilende Wirkung.

Eine andere bekannte Heil-Pflanze ist Beinwell.
Beinwell ist eine buschige Pflanze mit lila-farbenen Blüten.
Mit Beinwell können wir eine natürliche Haut-Salbe machen.
Die Haut-Salbe ist gut bei Entzündungen und Schmerzen.
Wir können sie auch auf blaue Flecken auftragen.
Wir verwenden die Haut-Salbe <u>nicht</u> für offene Wunden.

Natürliche Haut-Salbe kann schnell schlecht werden.
Dann verändert sich der Geruch von der Haut-Salbe.
Wir können sie nur wenige Wochen benutzen.
Deshalb machen wir nur eine kleine Menge davon.
Die kleine Menge können wir schnell verbrauchen.

Wir brauchen:

250 Milli-Liter Oliven-Öl
3 Stiele von der Beinwell-Pflanze
8 Ess-Löffel Bienen-Wachs-Pastillen
Bienen-Wachs-Pastillen sind kleine Wachs-Kügelchen.
1 Schneide-Brett
1 Küchen-Messer
1 großen Topf
1 kleinen Topf, der in den großen Topf passt
1 feines Sieb
1 Schüssel
6 kleine Schraub-Gläser
Ätherische Öle

Ätherische Öle gibt es zum Beispiel in der Apotheke.
Ätherische Öle duften nach Pflanzen oder Früchten.
Wir haben für das Rezept ein Zitronen-Öl benutzt.

Schritt 1

Wir waschen und trocknen die Beinwell-Pflanze.
Wir schneiden die Beinwell-Pflanze klein.
Wir können alle Teile von der Pflanze benutzen.
Auch die Blüten können wir benutzen.

Die Pflanzen-Teile geben wir in den kleinen Topf.
Wir gießen 250 Milli-Liter Oliven-Öl darüber.
Die Pflanzen-Teile sollten alle im Oliven-Öl schwimmen.

Schritt 2

Wir füllen etwas Wasser in den großen Topf.
Dann stellen wir den kleinen Topf in den großen Topf.
Das Wasser muss den Boden vom kleinen Topf berühren.
Es darf dabei kein Wasser in den kleinen Topf kommen.
Wir stellen den großen Topf auf den Herd.
Wir erhitzen das Wasser im großen Topf.
Dadurch erhitzen wir auch das Oliven-Öl und die Blätter.
Wir erhitzen alles für 1 Stunde.

Schritt 3

Wir legen das Sieb auf die Schüssel.
Wir gießen das warme Oliven-Öl durch das Sieb.
So bleiben die Pflanzen-Teile im Sieb.
Das Oliven-Öl fangen wir in der Schüssel auf.
Die Pflanzen-Teile brauchen wir nicht mehr.
Wir können sie in den Bio-Müll werfen.

Schritt 4

Wir füllen das Oliven-Öl in den kleinen Topf zurück.
Den kleinen Topf erhitzen wir noch einmal im Wasser-Bad.
Wir geben die Bienen-Wachs-Pastillen dazu.
Das Bienen-Wachs löst sich bei Wärme auf.
Es macht die Salbe nach dem Abkühlen fest.

Wir rühren Oliven-Öl und Bienen-Wachs ständig um.
So vermischen sich die Zutaten gut miteinander.

Schritt 5

Wir nehmen den kleinen Topf vom Herd.
Jetzt können wir einen Duft-Stoff dazu-geben.
Dafür nehmen wir etwas ätherisches Öl.
Wir wählen einen Duft aus,
den wir gern mögen.

Für einen leichten Duft nehmen wir ein paar Tropfen.
Für einen starken Duft können wir mehr Tropfen dazu-geben.

Schritt 6

Wir füllen die Haut-Salbe in die kleinen Gläser.
Die Gläser müssen sauber sein.
Zum Umfüllen können wir einen Ess-Löffel benutzen.

Wir lassen die Haut-Salbe in den Gläsern abkühlen.
Beim Abkühlen wird die Haut-Salbe fest.
Dann verschließen wir die Gläser mit einem Deckel.
Wir stellen die Haut-Salbe in den Kühl-Schrank.

Es gibt
nur eine

Sich mit anderen zusammen-tun

Sich mit anderen zusammen-tun

Für den Klima-Schutz muss sich sehr vieles verändern.
Kleine Veränderungen können wir gut alleine schaffen.
Wir können zum Beispiel unseren Müll zu Hause sortieren.
Für große Veränderungen braucht es viele Menschen.
Als Gruppe schaffen wir mehr als alleine.

Ein Beispiel ist die Geschichte von Greta Thunberg.
Greta Thunberg ist eine junge Frau aus Schweden.
Als Schülerin hat sie einen Protest angefangen.
Protest bedeutet gegen etwas sein.
Greta Thunberg ist gegen den Klima-Schutz von der Politik.
Sie fordert von der Politik einen besseren Klima-Schutz.
Deshalb hat sie sich jeden Freitag vor das Parlament gesetzt.
Das Parlament ist der Arbeits-Ort von den Politikern.

Am Anfang war Greta Thunberg ganz alleine.
Nach und nach wurde aus ihrem Protest eine große Gruppe.
Diese Gruppe heißt heute Fridays for Future.
Fridays for Future bedeutet:
Freitage für die Zukunft.
Fridays for Future hat viel verändert.

Der Protest von Greta Thunberg hat gezeigt:
Zusammen sind wir lauter, stärker und klüger.
Einer großen Gruppe hören die Politiker mehr zu.
Zusammen können wir Dinge auf der Welt verbessern.
Das können zum Beispiel neue Gesetze für Klima-Schutz sein.

Es gibt den Spruch:
Denke global, handle lokal.
Der Spruch bedeutet:
Wir sehen die Probleme von der ganzen Welt.
Aber wir lösen die Probleme in unserer Nachbarschaft.
Wir können zum Beispiel mit anderen Menschen den Park aufräumen.
Dann sehen wir sofort eine Veränderung.

Oft brauchen Veränderungen Zeit.
Am besten suchen wir uns deshalb ein Lieblings-Thema.
Das kann zum Beispiel Tier-Schutz oder bessere Fahrrad-Wege sein.
Wir können Menschen mit dem gleichen Lieblings-Thema suchen.
Zusammen können wir uns für unser Thema stark machen.
Wir können uns gegenseitig helfen und begeistern.
So wird aus einer kleinen Idee manchmal etwas ganz Großes.

Wir machen ein Reste-Picknick

In Deutschland gibt es Essen im Überfluss.
Überfluss bedeutet:
Für die Menschen hier im Land gibt es viel zu viel Essen.
Die Regale in den Super-Märkten sind immer voll.
Im Schrank haben wir oft zu viele Vorräte.
Allein können wir manchmal nicht alles aufessen.
Dann werden die Lebens-Mittel schlecht.

Wir können diese Lebens-Mittel aber ganz einfach retten.
Wir können sie zum Beispiel einfrieren.
Wir können sie anderen Menschen schenken.
Oder wir veranstalten ein Reste-Picknick.

Jede Familie hat eigene Reste-Rezepte.
Beim Picknick können wir die Rezepte ausprobieren.
Jeder bringt ein Reste-Essen zum Picknick mit.
Ein Reste-Essen machen wir aus Lebens-Mittel-Resten.
Mit Gemüse-Resten können wir zum Beispiel Pizza backen.
Aus Obst-Resten können wir Marmelade kochen.
Mit einem Reste-Picknick zeigen wir:
Lebens-Mittel sind etwas sehr Wertvolles.

Wir laden zu einem Kleider-Tausch ein

Jeder Mensch besitzt viele unterschiedliche Kleidungs-Stücke.
Manche davon tragen wir fast nie.
Manchmal passen sie uns nicht mehr richtig.
Manchmal gefallen sie uns nicht mehr.

Diese Kleidungs-Stücke können wir noch weiter benutzen.

- Wir können unsere Kleidung an andere Menschen spenden.
Das können zum Beispiel Menschen ohne Wohnung sein.
- Wir können neue Sachen daraus nähen.
Aus einer Hose können wir zum Beispiel eine Tasche nähen.
- Wir können unsere Kleidung auch mit anderen Menschen tauschen.
Das Tauschen von Kleidung heißt Kleider-Tausch.

Zu einem Kleider-Tausch können wir unsere Freunde einladen.
Wir können auch Menschen aus der Nachbarschaft einladen.
Alle bringen alte Kleidung-Stücke von sich zu Hause mit.
Alle können sich Kleidungs-Stücke von anderen mitnehmen.

Durch das Tauschen entsteht ein Kleider-Kreislauf.
Wir benutzen auf diese Weise unsere Kleidung länger.
Wir kaufen weniger neue Kleidung ein.

Wir räumen im Park auf

Wir alle wünschen uns ein schönes Wohn-Viertel.
Wir freuen uns zum Beispiel über freundliche Nachbarn.
Wir freuen uns auch über saubere Straßen und Parks.
Eigentlich macht die Stadt-Reinigung im Wohn-Viertel sauber.
Trotzdem liegt draußen oft noch Müll herum.
Dort schadet er Pflanzen und Tieren.

Wir können unser Wohn-Viertel sauber halten.
Wir können zum Beispiel im Park Müll aufsammeln.
Das können wir zusammen mit Nachbarn und Freunden machen.
So wird Müll-Sammeln zu einer schönen gemeinsamen Aktion.

Zum Müll-Sammeln brauchen wir:

- feste Müll-Beutel oder einen kleinen Eimer
- Greif-Zangen
  Das können zum Beispiel Grill-Zangen aus Holz sein.
- feste Hand-Schuhe

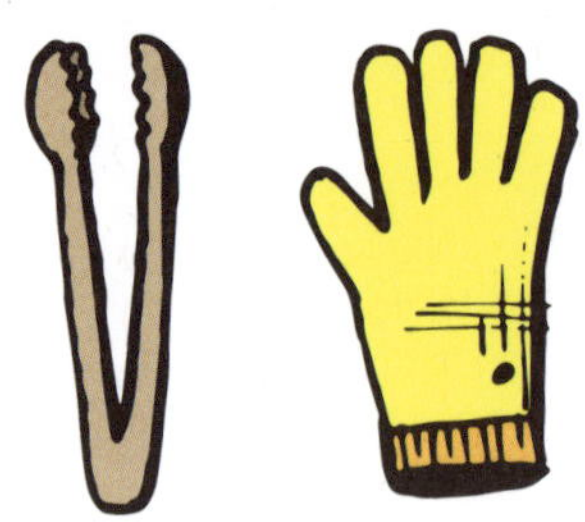

Wichtig: Wir fassen keine spitzen Gegenstände an.
Wir benutzen immer die Hand-Schuhe oder Greif-Zangen.
Bei großem oder giftigem Müll informieren wir die Stadt-Reinigung.

Wir pflanzen gemeinsam Bäume

Bäume sind sehr wichtig für das Leben auf der Erde.
Sie sind Lebens-Raum für Tiere und andere Pflanzen.
Sie nehmen Regen-Wasser auf.
Sie spenden uns Schatten im Sommer.
Sie kühlen die Luft ab.
Sie halten unsere Luft sauber.
Mit ihren Blättern stellen sie Sauerstoff her.
Sauerstoff brauchen wir zum Atmen.

Deshalb wollen wir Bäume schützen.
Wir können die Bäume in unserer Umgebung pflegen.
Wir können zum Beispiel Stadt-Bäume im Sommer gießen.
Wir können auch einen neuen Wald pflanzen.
Das nennt man aufforsten.

In vielen Städten gibt es Gruppen zum Aufforsten.
Sie treffen sich für Baum-Pflanz-Aktionen.
Das bedeutet:
Viele Menschen treffen sich und pflanzen kleine Bäume.
Zusammen schaffen sie in kurzer Zeit ganz viel.
Und schon bald wächst an dem Ort ein neuer Wald.

Unser Bild von der Zukunft

Dieses Buch beschreibt Ideen für mehr Klima-Schutz.
Es sind Ideen zum Nachmachen im Alltag.
Die Ideen sind aber nur ein Anfang.
Für den Schutz von der Erde muss sich viel verändern.
Deshalb haben wir dieses Buch geschrieben.

Wir wünschen uns eine inklusive und nachhaltige Zukunft.
Jeder Mensch hat ein eigenes Bild von der Zukunft.
Wir haben die Menschen aus unserer Gruppe gefragt:
Wie sieht eine gute Welt für dich aus?

Das sind ihre Antworten.

Wie Ulrike gerne leben würde

In Zukunft fühlen wir uns verbunden:

- mit allen Menschen
- mit Tieren und Pflanzen
- sogar mit Orten und Gegenständen

Wir behandeln unsere Umwelt mit Freundlichkeit.

Wir sind füreinander da.

Wir lernen voneinander.

Bei Problemen finden wir zusammen Lösungen.

Wie Lotte gerne leben würde

Alle Menschen leben in Frieden zusammen.

Wir sehen uns und die Erde als eine Einheit.

Wir helfen uns untereinander.

Wir schützen die Erde.

Alle Menschen haben die gleichen Chancen.

Gerechtigkeit und Nächsten-Liebe sind ganz normal.

Jeder Mensch hat alles für ein schönes Leben.

Aber es gibt keinen Überfluss.

Wie Daniel gerne leben würde

Die Menschen atmen ganz bewusst ein und aus.
Beim Einatmen spüren sie ihren Körper.
Beim Ausatmen entspannen sie sich.
Die Menschen sind viel ruhiger.
Beim Gehen spüren sie die Erde unter ihren Füßen.
Sie nehmen ihre Umwelt wahr.
Und sie lächeln.
Endlich müssen sie nicht mehr rennen.

Wie Gabi gerne leben würde

In Zukunft ist der Umwelt-Schutz strenger:
- Schädliche Planzen-Schutz-Mittel sind verboten.
- Flüge gibt es nur noch für lange Flug-Strecken.

Menschen mit Behinderungen können überall mitmachen.
Sie können dieselben Bildungs-Angebote benutzen.
Für ihre Arbeit erhalten sie eine faire Bezahlung.
Das Geld ist unter den Menschen gerecht verteilt.
So können alle eine Wohnung und gutes Essen bezahlen.

Wie Lucía gerne leben würde

In Zukunft können alle Menschen sagen:
- Ich habe sauberes Wasser.
- Ich habe genug zu essen.
- Ich habe ein Dach über meinem Kopf.
- Ich kann überall sicher spazieren gehen.
- Meine Umwelt ist sauber.
- Andere Menschen kümmern sich um mich.
- Ich kümmere mich um andere Menschen.

Wie Jessika gerne leben würde

In der Welt von morgen ist es egal,
- wo du geboren bist.
- wie viel Geld und Besitz du hast.

Menschen bekommen für ihre Arbeit ein gutes Gehalt.
Kein Mensch oder Tier muss für unseren Überfluss leiden.
Im Handel gibt es nur noch klima-freundliche Produkte.
Für alle Produkte gibt es einen Reparatur-Service.
So können wir sie viele Jahre benutzen.

Wie Jonas gerne leben würde

In Zukunft können alle Menschen überall dabei sein.
Niemand schließt andere Menschen aus.
Alle Menschen haben die gleichen Rechte.
Wir leben in einer Gemeinschaft.
Unter den Menschen gibt es viel Solidarität.
Solidarität bedeutet:
Das Problem von einem Menschen betrifft alle Menschen:
Alle Menschen suchen gemeinsam nach Lösungen.

Wie Vanessa gerne leben würde

Die Menschen kaufen nur,
was sie wirklich brauchen.
Sie finden Reichtum in Freundschaft und Liebe.
Die Menschen sind wieder füreinander da.
Sie fragen andere Menschen:
Wie kann ich dir helfen?
Sie verbringen weniger Zeit am Handy.
Sie begegnen sich oft persönlich.

Wie Sven gerne leben würde

Die Menschen leben friedlich zusammen.
Es gibt keine Kriege mehr auf der Welt.
Alle Menschen können sie selbst sein.
Sie können mit ihren Fähigkeiten überall mitmachen.
Sie schützen die Natur.
Sie brauchen weniger Platz für sich.
Sie bebauen keine neuen Flächen.
Sie benutzen den vorhandenen Platz sinnvoll.

Wie Tabea gerne leben würde

Die Zukunft ist barriere-frei.
Bildung ist für uns alle frei und gleich.
Alle Menschen lernen gemeinsam.
Wir teilen unser Wissen in Leichter Sprache miteinander.
Wir unterstützen uns gegenseitig.
Wir verurteilen keine anderen Denkweisen.
Sondern wir sehen andere Denkweisen als eine Möglichkeit.
Sie sind eine Möglichkeit für neue Ideen.

Wir sagen Danke

Schwere Sprache

An diesem Buch habe viele Menschen mitgearbeitet.
Sie haben Workshops mit uns organisiert.
Sie haben Workshops für uns gegeben.
Sie haben uns bei den Texten unterstützt.
Diesen Menschen möchten wir danken.

Als erstes danken wir allen Menschen von der Tuml-Gruppe:
Daniel, Fatima, Gabi, Jessika, Jonas, Jörg, Katharina, Lucía, Milana, Sven, Tabea, Ulrike, Vanessa und den vielen wunderbaren Menschen, die uns besucht oder an unseren Kursen teilgenommen haben.
Nur mit euch zusammen ist dieses Buch-Projekt möglich.

Wir danken Lotte für ihre Geduld und Genialität.

Für dieses Buch haben wir ein Crowd-Funding gemacht.
Wir danken allen Unterstützern und Unterstützerinnen.
Ein besonderer Dank geht an:
Anna-Maria Klumpp
Armin Sölch
Fürst Donnersmarck-Stiftung
Richard Adamca

Wir danken dem **himmelbeet** und **zusammen wachsen e.V.**
Danke, dass ihr unser Projekt und Inklusion unterstützt.

Wir danken auch allen Experten und Expertinnen:

Gabi für ihre Beratung bei Leichter Sprache
Maria für ihre Unterstützung bei der Öffentlichkeits-Arbeit
Marion für ihre Hilfe beim Beet-Bauen
Hannah C. Rosenblatt für ihr Wissen über Gefühle
Katja Sandschneider für das barrierefreie Yoga im Garten
Joël Rœrick für das Zuhören und Lächeln
Sophia Hoffmann für die leckeren Rezepte
Dem Team von der Urania Berlin für unsere Teilhabe am StadtNatur-Programm
Thomas Schäfer und Rainer Delgado für die Teilnahme an der Diskussions-Runde
Fabian Brettel vom BUND Berlin für seine Recycling-Tipps
Dem Team vom Futurium Berlin für die Arbeit an unserer Zukunft
Mariia und Ruta von Panke.Klima für ihr Wasch-Mittel-Rezept
Güliz Avci für ihr Wissen über Natur-Kosmetik
Gülcan Nitsch und Yesil Cember für das Reste-Picknick
Lucía, Natascha und Kristin für das Organisieren vom Kleider-Tausch
Karo Streicher von aufBuchen für das gemeinsame Bäume-Pflanzen

Über das Buch

Dieses Buch wurde mit einer Gruppe geschrieben.
Diese Gruppe heißt tuml-Gruppe.
Tuml bedeutet **Teilhabe und Mit-Bestimmung** leben.
Unsere Gruppe ist so vielfältig wie die Natur.
In der Gruppe sind alte und junge Menschen.
Manche Menschen leben mit einer Behinderung.
Andere Menschen leben noch ohne Behinderung.

Die Idee zu der tuml-Gruppe ist in einem Garten entstanden.
Der Garten heißt **himmelbeet Gemeinschafts-Garten**.
Ein Gemeinschafts-Garten ist offen für alle Menschen.

Die tuml-Gruppe hat sich oft im himmelbeet getroffen.
Dann kam die Corona-Pandemie.
In der Pandemie waren viele Treffen im Internet.
Bei den Treffen haben wir unser Buch geplant.
Wir haben auch viele Kurse im Internet gemacht.
Das war für die tuml-Gruppe ganz neu.
Zu den Kursen haben wir Experten und Expertinnen eingeladen.
Zusammen haben wir mehr über Klima-Schutz gelernt.
Das Gelernte haben wir in diesem Buch aufgeschrieben.

PACHTBEETE
Waschmittel
selber machen!

CAMP
BREAKOUT

Über die Autorinnen

Ulrike Bruckmann leitet das Buch-Projekt.
Sie hat mit dem Buch-Projekt im Jahr 2017 angefangen.
Sie mag die Leichte Sprache sehr gern.
Sie liebt das Gärtnern und die Natur.

Ulrike Bruckmann arbeitet als Coach in Berlin.
Ein anderes Wort für Coach ist Beraterin.
Ulrike hat drei Kinder.

Jessika Knauer ist Journalistin und Autorin.
Das Schreiben von Texten ist ihr Beruf.

Ihre Lieblings-Themen sind:
- Gleich-Berechtigung
- Umwelt-Schutz

Jessika Knauer hat eine Ausbildung als Mode-Schneiderin.
Sie liebt das Handwerken und Selber-Machen von Dingen.